Ernst Probst / Raymund Windolf

Liliensternus

Ein Raubdinosaurier aus der Triaszeit

Widmung

Regina Cossmann gewidmet,
die bei der Entstehung der Werke
„Dinosaurier in Deutschland" (1993)
und „Liliensternus" (2019)
wertvolle Hilfe geleistet hat!

Impressum:
Liliensternus
1. Auflage als Print-Buch: August 2019
Autoren: Ernst Probst und Raymund Windolf
Anschrift von Ernst Probst:
Im See 11, 55246 Mainz-Kostheim
Telefon: 06134/21152
E-Mail: ernst.probst (at) gmx.de
Herstellung: Amazon Distribution GmbH, Leipzig

ISBN: 978-1-088-60683-4

Lebensbild des Raubdinosauriers Liliensternus.
Bild: Nobu Tamura / http://paleoexhibit.blogspot.com / http://spinops.blogspot.com / CC-BY-SA3.0 (via Wikimedia Commons),

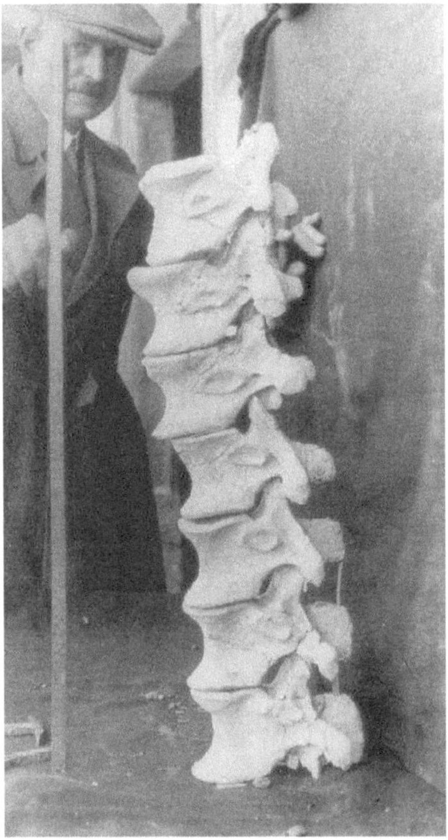

Hugo Rühle von Lilienstern (1882–1946),
Arzt und Amateuerpaläontologe aus Bedheim,
mit der Wirbelsäule eines Plateosaurus,
den er zusammen mit dem Raubdinosaurier Liliensternus
am Großen Gleichberg bei Römhild
unweit von Hildburghausen in Thüringen 1932/1933 entdeckte.
Foto: Museum für Naturkunde
der Humbold-Universität zu Berlin

Vorwort

Ein bis zu 1,50 Meter hoher, maximal 5 Meter langer und schätzungsweise bis zu 125 Kilogramm schwerer Raubdinosaurier steht im Mittelpunkt des Taschenbuches „Liliensternus". Fossile Reste von diesem Tier wurden in Baden-Württemberg, Sachsen-Anhalt und in Thüringen gefunden. Anfangs bezeichnete man diese Gattung als *Halticosaurus* („Springende Echse"). Später erhielt sie zu Ehren des verdienstvollen Arztes und Amateur-Paläontologen Dr. Hugo Rühle von Lilienstern (1882–1946) aus Bedburg den Namen *Liliensternus*. Verfasser des Taschen-buches „Liliensternus" sind der Wissenschaftsautor Ernst Probst und der Paläontologe Raymund Windolf (1953–2010). Die beiden haben 1993 das Buch „Dinosaurier in Deutschland" veröffentlicht. Daraus stammt der aktualisierte Text über *Liliensternus*, von dem Funde vom Stromberg bei Pfaffenhofen in Baden-Württemberg, aus Halberstadt in Sachsen-Anhalt und vom Großen Gleichberg bei Römhild in Thüringen vorliegen.

Tübinger Paläontologe
Friedrich von Huene (1875–1969).
Foto: Eberhard-Karls-Universität Tübingen,
Institut und Museum
für Geologie und Paläontologie

Liliensternus: Ein Räuber aus der Triaszeit

Eigentlich hätte in der Oberen Triaszeit das Leben für alle pflanzenfressenden Tiere paradiesisch verlaufen können: In einem warmen Klima lieferten üppig wuchernde Schachtelhalmfelder und andere Pflanzen reichlich Nahrung. Doch wie heute sahen sich auch damals die Pflanzenfresser mit ihren ökologischen Gegenspielern, den Fleischfressern, konfrontiert. Wie moderne Beutegreifer spielten diese meist die Rolle einer „Gesundheitspolizei", indem sie kranke und alte Tiere fingen und gestorbene Tiere verzehrten.

Dies gilt auch für die am besten bekannten, größeren Fleischfresser, die in der Oberen Trias Deutschlands in Baden-Württemberg, Sachsen-Anhalt und Thüringen gelebt haben.

Die Entdeckungsgeschichte der obertriassischen Raubdinosaurier begann mit dem Tübinger Paläontologen Friedrich von Huene (1875–1969). Er machte 1908 aus dem Stubensandstein (Mittleres Nor) des Stromberges bei Pfaffenhofen in Württemberg den ersten dieser Räuber als *Halticosaurus longotarsus* bekannt. Über diese Tierart heißt es bei „Dino-Data.de", sie sei 2,30 Meter hoch, 5,50 Meter lang und 500 Kilogramm schwer gewesen.

Die „flinke Springechse mit den langen Fußwurzelknochen" sollte, wie der wissenschaftliche Name *Halticosaurus longotarsus* suggeriert, ein behender, ja sogar springender Dinosaurier gewesen sein. Diese Einschätzung leitete Friedrich von Huene von den wenigen Knochen ab, die von *Halticosaurus longotarsus* gesammelt worden waren: Wirbel vom Hals, Rücken, Becken

Tabelle 6: **Die Funde von *Halticosaurus* und *Liliensternus* in Deutschland**

Fundort	*Halticosaurus*	*Liliensternus*
Trossingen	—	*Liliensternus liliensterni* (Zahn)
Stromberg	*Halticosaurus orbitoangulatus* (Schädel) *Halticosaurus longotarsus* (Körperskelett)	—
Halberstadt	*Halticosaurus longotarsus* (Körperskelett)	*Liliensternus liliensterni* (Wirbel, Zahn, Gliedmaßen-knochen)
Großer Gleich-berg	—	*Liliensternus liliensterni* (zwei unvollständige Skelette)

Veraltete Fundtabelle über Knochenfunde von Halticosaurus und Liliensternus aus der Triaszeit in Deutschland.
Die Gattung Halticosaurus ist heute ungültig.
Karte aus dem Buch „Dinosaurier in Deutschland“ (1993) von Ernst Probst und Raymund Windolf (1953–2010)

Skelett des Raubdinosauriers Liliensternus liliensterni im „Staatlichen Museum für Naturkunde“, Stuttgart. Foto: Ghedoghedo / CC-BY-SA3.0 (via Wikimedia Commons), lizensiert unter Creative-Commons-Lizenz by-sa-3.0, https://creativecommons.org/licenses/by-sa/3.0/legalcode

„Schwäbischer Lindwurm" Plateosaurus
aus den Knollenmergeln von Trossingen in Württemberg
auf einer alten Postkarte

und Schwanz, dazu Teile seiner Oberarmknochen, des Sitzbeines und des Unterkiefers. Diese Knochen wurden vermischt mit Überresten des bis zu zehn Meter langen Dinosauriers *Plateosaurus engelhardti* gefunden. Jenen mutmaßlichen Pflanzenfresser nennt man scherzhaft „Deutscher Lindwurm“, „Schwäbischer Lindwurm“ oder „Fränkischer Lindwurm“.

Der erste Fund von *Halticosaurus* bereitete den Paläontologen Kopfzerbrechen, da manche Knochen, wie die sehr langen und schlanken Mittelfußknochen, Eigenschaften von Raubtierfußdinosauriern (Theropoden) zeigen, die Struktur des Darmbeines und der Wirbel jedoch eher Merkmale von Prosauropoden (Vorechsenfüßer) aufweisen.

Doch schon 1921 wurde in den roten Mergeln und sehr feinkörnig grünem, tonigem Sandstein des Steinbruches Burrer auf dem Stromberg erneut ein Theropodenrest gefunden, diesmal ein ziemlich verdrückter Schädel samt Unterkiefer und Zähnen. Obwohl sich die meisten Einzelelemente dieses Schädels nicht mehr in ihrer natürlichen Lage befanden, bemühte sich Friedrich von Huene um eine Rekonstruktion des gesamten Schädels. Huene stufte den neuen Fund als eine weitere Art ein, die *er Halticosaurus orbitoangulatus* nannte. Dieses Tier war deutlich größer al*s Halticosaurus longotarsus.*

Aber nicht nur aus Württemberg kam die Kunde von fleischfressenden Dinosauriern: Im gleichen Jahr konnte Huen*e* *Halticosaurus longotarsus* auch aus Sachsen-Anhalt melden. Bei den Halberstadter Plateosauriergrabungen waren Rücken- und Schwanzwirbel, der untere Teil eines Darmbeins sowie ein rechtes Oberschenkelfragment aufgesammelt worden. Damit war klar„ dass auch in der Trias Sachsen-Anhalts Plateosaurier und Urschildkröten sich vor den scharfen Zähnen hungriger Fleischfresser in acht nehmen mussten. Eingeschwemmt in den

Paläontologe Otto Jaekel (1863–1929).
Foto: Universität Stuttgart,
Fakultät Geo- und Biowissenschaften

Panzer einer *Proganochelys*-Urschildkröte fand der Paläontologe Otto Jaekel (1863–1929) sogar den Wirbelknochen eines größeren Theropoden, dem er zwar den Namen *Pterospondylus trielbae* gab, der aber nach heutiger Einschätzung zu *Halticosaurus* gehören könnte.

Mitten im Winter 1932/1933 bekamen die württembergisch-sächsischen Fleischfresser Verstärkung aus Thüringen. Damals grub der Amateurpaläontologe und Bedheimer Stabsarzt Hugo Rühle von Lilienstern (1882–1946) eigenhändig im Basaltbruch der Stadt Römhild auf dem Großen Gleichberg jeweils zwei unvollständige Skelette von fast erwachsenen Raubtierfußdinosauriern und von Plateosauriern aus. Mit dieser Entdeckung setzte Rühle sein Finderglück fort, mit dessen Hilfe er bereits in den Jahren zuvor zahlreiche fossile Fährten des Handtieres *Chirotherium* entdeckt hatte. Schon als Zehnjähriger hatte er in der Umgebung von Bedheim Fossilien aus der Triaszeit gesucht.

Rühle übergab die zwei unterschiedlich großen Skelette der Raubdinosaurier dem Geologisch-Paläontologischen Museum in Berlin, wo sie Friedrich von Huene bearbeitete. Schon 1934 veröffentlichte Huene die Ergebnisse und wagte es sogar, nicht nur den Schädel, sondern sogar das gesamte Tier zu rekonstruieren. Um den Finder zu ehren, nannte Huene den Römhilder Raubdinosaurier *Halticosaurus liliensterni* („Liliensterns Sprungechse"). Zu den beiden *Halticosaurus*-Arten war somit eine dritte Art gekommen. Beide Exemplare vom Großen Gleichberg waren noch nicht ganz ausgewachsen, als sie starben. Rühle fügte die Knochen zu zwei Skeletten zusammen. Bei einem der Tiere bemerkte Huene, dass zu Lebzeiten ein Teil des Sitzbeinknochens (Ischium) gebrochen und wieder verheilt war. In dem 41 Zentimeter langen Schädel fanden sich scharfe und rückwärts gekrümmte Zähne mit feingezähnelten

Blick vom Aussichtsturm der Schwedenschanze in den Haßbergen zum Großen Gleichberg bei Römhild in Thüringen.

Schneidekanten, die hervorragend zum Abreissen großer Fleischbrocken geeignet waren. Beim Beutefang halfen dem Römhilder Theropoden auch die relativ langen Arme, an denen gekrümmte Krallen saßen. Wahr-scheinlich hatte *Halticosaurus liliensterni* noch fünf Finger, womit er zu den sehr primitiven Theropoden gehören würde. Spätere Theropoden wie *Allosaurus* aus dem Jura reduzierten ihre Fingerzahl auf drei, und der kreidezeitliche *Tyrannosaurus* besaß sogar nur noch zwei Finger.
Die beiden Skelette der Raubdinosaurier vom Großen Gleichberg wurden schließlich zu einem einzigen zusammengesetzt, wobei man fehlende Teile ergänzte. Nach der Eröffnung am 1. August 1934 bildete dieses kombinierte Skelett eines der Glanzstücke des von Hugo Rühle von Lilienstern in Nebengebäuden seines Schlosses gegründeten „Paläontologischen Heimatmuseums Bedheim" mit „Saurierstall". Dort war das Raubdinosaurierskelett in „Bauchlage" an einer Wand zu sehen. Ein Maler aus Bedheim, der im „Saurierstall" die Wände tünchen sollte, konnte gar nicht mehr auf die vielen Knochen blicken, fürchtete sich zu Tode und verschwand. Zur Eröffnungsfeier des Museums in Bedheim im schlichten Rahmen kam auch der Paläontologe Friedrich von Huene, der sich ins Gästebuch eintrug.
Während des Zweiten Weltkrieges (1939–1945) war Hugo Rühle von Lilienstern zunächst Musterungsarzt in Hildburghausen, ab Ende 1940 Chefarzt des Reservelazaretts in Erfurt, wo er an einer Zusammenstellung der Saurier und Fährten in Thüringen arbeitete, die 1952 posthum erschien, ab 1941 Arzt der deutschen Besatzungsmacht in Paris und ab August 1943 Chefarzt in Friedrichroda (Thüringen). Mitte November 1944 litt er an einer Lungenentzündung, die eine Herzerkrankung zur Folge hatte. Am 3. Oktober 1945 wurde er nach der Übernahme Thüringens durch die „Rote Armee" verhaftet und

Zusammengesetztes und teilweise ergänztes Skelett des Raubdinosauriers Liliensternus liliensterni vom Großen Gleichberg bei Römhild in Thüringen im „Paläontologischen Heimatmuseum Bedheim". Dieses am 1. August 1934 im Schloss des Arztes und Amateurpaläontologen Hugo Rühle von Lilienstern gegründete Privatmuseum wurde 1969 aufgelöst. Foto: Staatliches Museum für Naturkunde, Stuttgart

in die Sowjetunion deportiert. Er starb am 8. Juli 1946 im Alter von 63 Jahren im Stadtlazarett von Tscherpowetz nordöstlich von Moskau. 1969 erlaubte man seiner Witwe Marie, aus der „DDR" in den Westen auszureisen. Das Heimatmuseum und der „Saurierstall" im Schloss Bedheim wurden aufgelöst. Die Dinosaurierskelette gelangten in das Naturkundemuseum der Berliner Humboldt-Universität, wo sie neu präpariert wurden.

Die Verdienste von Hugo Rühle von Lilienstern um die Paläontologie sind nicht in Vergessenheit geraten. Im April 1988 hielt man zu seiner Würdigung eine wissenschaftliche Tagung in Bedheim ab. Dabei gründete man den „Freundeskreis Dr. Rühle von Lilienstern", der sich nach der Wende im Juli 1993 an den „Freundeskreis Bedheim e. V." anschloss. Zum 110. Geburtstag von Lilienstern setzte man 1992 im Schlossgarten in Bedheim einen Gedenkstein. Darauf ist zu lesen: „Dr. med. Dr. rer. nat. h. c. HUGO RÜHLE v. LILIENSTERN * 9. 8. 1882 † 8. 7. 1946 Durch sein edles Wirken als Arzt und Forscher bleibt er über seinen Tod hinaus den Menschen seiner Heimat ein Segen". Eine weitere Ehre wurde dem Naturforscher und Saurierentdecker zuteil, indem man *Liliensternus liliensterni* zusammen mit der berühmten „Schwalbennestorgel" der Kirche „St. Kilian" als Wahrzeichen des Ortes in das Bedheimer Wappen aufnahm.

Um die Raubdinosaurier vom Großen Gleichberg war es lange Zeit ruhig. Erst 1984 beschäftigte sich der amerikanische Paläontologe Samuel Paul Welles (1907–1997) ausführlich mit *Halticosaurus longotarsus, Halticosaurus orbitoangulatus* und *Halticosaurus liliensterni*, deren Skelette er mit einem neuen Raubdinosaurier aus Arizona namens *Dilophosaurus* („Doppelkammechse") verglich. Dabei stellte sich heraus, dass sich *Halticosaurus liliensterni* in mehreren Merkmalen von den süd-

Das Schloss in Bedheim, heute ein Stadtteil von Römhild (Kreis Hildburghausen) in Thüringen, befindet sich seit 1778 im Besitz der Familie Rühle von Lilienstern. Foto: Aschroet (via Wikimedia Commons), Lizenz: gemeinfrei (Public domain)

Ostflügel des Bedheimer Schlosses in Bedheim,
heute ein Stadtteil von Römhild (Kreis Hildburghausen) in Thüringen.
Foto: storfix / CC-BY-SA3.0 (via Wikimedia Commons),
lizensiert unter Creative-Commons-Lizenz by-sa-3.0,
https://creativecommons.org/licenses/by-sa/3.0/de/legalcode

Gedenkstein für Dr. Hugo Rühle von Lilienstern (1882–1946) im Schlossgarten von Bedheim.
Foto: Metilsteiner / CC-BY-SA3.0 (via Wikimedia Commons). lizensiert unter Creative-Commons-Lizenz by-sa-3.0-de, https://creativecommons.org/licenses/by-sa/3.0/legalcode.de

Gedenktafel auf dem Gedenkstein
für Dr. Hugo Rühle von Lilienstern (1882–1946)
im Schlossgarten von Bedheim.
Foto: Aschroet (via Wikimedia Commons),
Lizenz: gemeinfrei (Public domain)

Wappen von Bedheim mit „Schwalbennestorgel“ der Kirche „St. Kilian“ und dem Raubdinosaurier Liliensternus liliensterni

westdeutschen Formen *Halticosaurus longotarsus* und *Halticosaurus orbitoangulatus* unterschied. Deshalb benannte ihn Welles in *Liliensternus liliensterni* um; unter diesem Namen wird er seither geführt. Vorher hatten sich die meisten Beschreibungen und wissenschaftlichen Berichte über *Halticosaurus* auf *Halticosaurus liliensterni* bezogen. *Liliensternus liliensterni* hatte eine Höhe von ungefähr 1,50 Metern, eine Länge von maximal 5 Metern und ein Gewicht von schätzungsweise 125 bis 140 Kilogramm Zur Gattung *Liliensternus* gehörte wohl auch ein ursprünglich nahezu vollständiges Skelett, das in Halberstadt wenige Jahre vor Schließung der Ausgrabungsstätte gefunden, aus unerfindlichen Gründen aber nicht geborgen worden war. Der Münchner Paläontologe Oskar Kuhn (1908–1990) konnte 1938 nur noch Bruchstücke von Wirbelknochen, Mittelfuß- und Fingerknochen wissenschaftlich bearbeiten.

Auch spätere Untersuchungen brachten weitere Hinweise auf *Liliensternus* in Halberstadt. Als der in Bonn arbeitende Paläontologe Martin Sander die Knochenlager der Plateosaurier erneut analysierte, fielen ihm auch isolierte Zähne auf, die von Raubdinosauriern stammen mussten. Erste Hinweise auf deren Existenz hatte der Paläontologe Otto Jaekel schon 1914 gegeben, als er fast beiläufig erwähnte, dass einige der Halberstadter *Plateosaurus*-Skelette von abgebrochenen Zahn-kronen von Raubdinosauriern umgeben waren, die jenen offen-sichtlich ausgefallen waren, als sie sich an den Fleischbergen der toten Pflanzenfresser gelabt hatten. Otto Jaekel hielt es so-gar für möglich, dass die Räuber dank ihrer wehrhaften Krallen und tödlichen Zahnreihen Plateosaurier in Schlammfallen jagen konnten. So kräftig war *Liliensternus* allerdings nicht gebaut, außerdem nur halb so groß wie erwachsene Plateosaurier und hatte vor ihren mächtigen Schwänzen und den spitzen Daumenkrallen sicher Respekt. Aber vielleicht gerieten manche Tiere

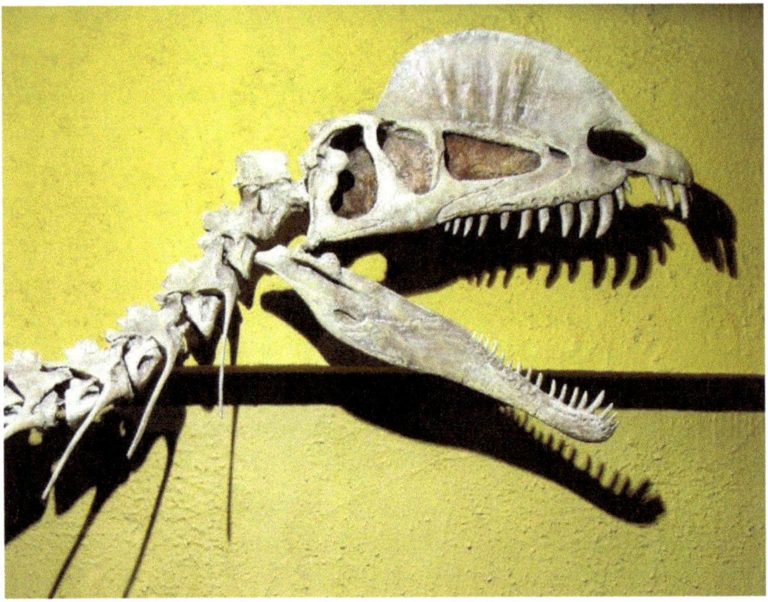

Schädelrekonstruktion des Raubdinosauriers Dilophosaurus im kanadischen „Royal Tyrrell Museum of Palaeontology". Foto: Sebastian Bergmann aus Siegburg / CC-BY-SA2.0 (via Wikimedia Commons), lizensiert unter Creative-Commons-Lizenz by-sa-2.0, https://creativecommons.org/licenses/by-sa/2.0/legalcode

Bewegliches Modell des Raubdinosauriers Coelophysis („Hohle Gestalt“) im „Natural History Museum“ in London.
Foto: Firsfron / CC-BY-SA3.0
(via Wikimedia Commons),
lizensiert unter Creative-Commons-Lizenz by-sa-3.0,
https://creativecommons.org/licenses/by-sa/3.0/legalcode

einer Plateosaurierherde in Panik, und es entwickelte sich eine ungesteuerte „Stampede“?
Auch die Trossinger Plateosaurier sind nicht von Fleischfressern verschont geblieben, die nach Martin Sanders Meinung ebenfalls zur Gattung *Liliensternus* gehörten. 1942 konnte bei der Präparation des Plateosaurierfundes Nr. 65 ein Zahn entdeckt werden, der ganz anders aussah als die der Pflanzenfresser und mit dem Etikett „*Pachysaurus*“ im Magazin des Stuttgarter Naturkundemuseums separat aufbewahrt wurde. Martin Sander sah, dass dem Zahn zwar die Spitze fehlte, aber an seiner Vorder- und Hinterkante ließen sich feine Zähnelungen erkennen, wie sie für Fleischfresser typisch sind: An der vorderen Schnittkante finden sich pro 2 Millimeter siebeneinhalb, an der Rückkante neun solcher feinen Einkerbungen. Da dem Zahn die Wurzel fehlt, ist er dem Raubdinosaurier zu Lebzeiten ausgefallen, vielleicht, als er besonders heftig an der zähen Sehne eines Plateosauriers zerrte? Da dem Räuber dauernd neue Zähne nachwuchsen, welche die Position der ausgefallenen einnahmen, konnte er den Verlust leicht verschmerzen.
Vor wenigen Jahrzehnten wurde den Paläontologen klar, dass *Liliensternus* zusammen mit anderen Raubdinosauriern aus Südafrika, Nordamerika und anderen Ländern in einer Gruppe zusammengefasst werden kann, die als Ceratosauria („Horndinosaurier“) bezeichnet wird. Dieser Name leitet sich von dem Raubdinosaurier *Ceratosaurus nasicornis* ab, der sich von allen anderen Ceratosauriern durch ein Nasenhorn unter-scheidet. Fast alle Ceratosaurier besaßen im vorderen Bereich des Oberkiefers einen Einschnitt in der Schnauze, und mindestens drei Arten zeigten einen seltsamen Kopfschmuck in Form von ein oder zwei dünnen Knochenkämmen, die über den Augen verliefen. Ob *Liliensternus* ebenfalls durch derartige Kopfauswüchse gekennzeichnet war, wissen wir nicht, es ist aber

durchaus denkbar. Die Ceratosaurier scheinen in der Oberen Trias und im Unteren Jura eine erfolgreiche und weitverbreitete Theropodengruppe gewesen zu sein, da man zahlreiche Reste von ihnen kennt. Auffällig ist, dass von den Ceratosauriern *Coelophysis* (Nordamerika) und *Syntarsus* (Südafrika, Nordamerika) jeweils viele Individuen an einer Stelle gefunden worden sind. Dies kann zwei Gründe haben: Entweder wurden die Skelette durch Bäche oder Flüsse angehäuft, oder eine Herde von ihnen starb an Ort und Stelle. Letzteres würde bedeuten, dass zumindest manche Ceratosaurier in Herden gejagt haben. Auch von *Liliensternus* wurden, wie schon gesagt, zwei halberwachsene Exemplare zusammen gefunden. Warum sind sie zusammen gestorben? Kamen sie zufällig in der Todesstunde zusammen, oder jagten sie gemeinsam? Eine weitere Besonderheit der Ceratosaurier, die sich aufgrund des umfangreichen Skelettmaterials herauskristallisieren ließ, zeigt sich darin, dass Individuen mit unterschiedlichem Körperbau existierten, der nicht altersmäßig bedingt war: Es gab die „kräftige Form" mit verhältnismäßig langem Hals und Schädel, kräftigen Gliedmaßen und mächtig entwickelten Muskeln und daneben eine „zarte Form" mit relativ kurzem Hals und Schädel und schlanken Gliedmaßen, die nicht so starke Muskeln hatten. Eine Erklärung für diese deutlichen Differenzen im Körperbau wäre, dass sich darin die zwei Geschlechter manifestieren. Welche Form nun jeweils Weibchen und Männ-chen bei den Ceratosauriern waren, ist kaum zu entscheiden, denn auch bei heutigen Reptilien ist dies nicht einheitlich: Während bei Eidechsen, Krokodilen und Brückenechsen das Männchen größer als das Weibchen ist, ist dies bei Schildkröten umgekehrt. Die beiden Skelette von *Liliensternus* sind leider zu unvollständig erhalten, um sie in „grazile" und „kräftige" Typen zu unterteilen.

Lebensbild von Raubdinosauriern der Art Liliensternus liliensterni.
Zeichnung: ABelov2014 / https://abelov2014.deviantart.com /
CC-BY-SA3.0 (via Wikimedia Commons),
lizensiert unter Creative-Commons-Lizenz by-sa-3.0,
https://creativecommons.org/licenses/by-sa/3.0/legalcode

Lebensbild des Raubdinosauriers Liliensternus liliensterni.
Zeichnung: Nobu Tamura / CC-BY2.5
(via Wikimedia Commons),
lizensiert unter Creative-Commons-Lizenz by-sa-2.5,
https://creativecommons.org/licenses/by/2.5/legalcode

Dass sich jugendliche Ceratosaurier selbst vor erwachsenen Tieren der eigenen Art in acht nehmen mussten, zeigen zwei Skelette des Ceratosauriers *Coelophysis* („Hohle Gestalt") aus Arizona, in denen – an der Stelle, wo sich der Magen befunden haben muss – Knochen von Jungtieren entdeckt wurden, die wohl einem kannibalischen Akt der Alttiere zum Opfer gefallen waren.

Mit etwa 3 bis 3,50 Meter Länge hatten die beiden *Liliensternus*-Exemplare vom Großen Gleichberg bei Römhild in Thüringen noch nicht ihre endgültige Größe erreicht, die etwa bei 5 Metern Länge gelegen haben dürfte. Ein erwachsener *Liliensternus* mag seinen Kopf etwa in 1,50 Meter Höhe getragen und ca. 125 Kilogramm auf die Waage gebracht haben.

Bis heute sind diese beiden *Liliensternus*-Exemplare die vollständigsten Skelette von den größeren Raubdinosauriern aus Deutschland überhaupt geblieben. Knochen, die zu *Halticosaurus* gehören, sind 1967 aus der Normandie beschrieben worden. 1986 wurde aus der Trias von Texas ein sehr bruchstückhaftes Dinosaurierskelett vorgestellt, dessen Einzelknochen sehr denen von *Liliensternus* gleichen, aber zu einem Individuum gehören, das um ein Drittel größer war als die deutschen Vertreter von *Liliensternus*, also etwa 6 bis 7 Meter Gesamtlänge hatte. Damit erreichten manche der sonst eher klein bleibenden triassischen Ceratosaurier schon zu so einem frühen Zeitpunkt Ausmaße, wie sie erst in der Jura- und Kreidezeit von den großen Raubdinosauriern (Carnosaurier) erreicht wurden.

Laut Online-Lexikon „Wikipedia" existierte *Liliensternus* in der Obertrias (spätes Norium) vor etwa 214 bis 208,5 Millionen Jahren in Deutschland. Ein 1959 in Frankreich entdeckter Fund wurde 1966 als *Halticosaurus* sp., 1993 als *Liliensternus airelensis* und 2007 als *Lophostropheus airelensis* beschrieben.

Von den früher in der Literatur erwähnten Arten der Gattung *Halticosaurus* ist heute keine mehr gültig. Der 1908 von Friedrich von Huene anhand von Knochen vom Stromberg bei Pfaffenhofen beschriebene *Halticosaurus longotarsis* wird jetzt als „zweifelhafter Name" („nomen dubium") bezeichnet. Der 1932 von Huene als *Halticosaurus orbitoangulatus* bezeichnete Fund aus dem Steinbruch Burrer im Stromberg bei Pfaffenhofen soll eher ein Krokodil als ein Raubdinosaurier sein. Er heißt seit 2013 *Apatosuchis orbitoangulatus* und gilt als Archosaurier. Aus der 1934 von Huene anhand von zwei Skeletten vom Großen Gleichberg bei Römhild erstmals beschriebenen Art *Halticosaurus liliensterni* wurde 1984 – wie erwähnt – die von Samuel Paul Welles aufgestellte Art *Liliensternus liliensterni.*

Frankfurter Paläontologe Hermann von Meyer (1801–1869).
Bild: Lithographie von C. J. Allemagne von 1837

Dinosaurierfunde in Deutschland

1834: Entdeckung des ersten Dinosauriers *(Plateosaurus engelhardti)* in Franken
1837: Hermann von Meyer beschreibt *Plateosaurus engelhardti* aus Franken
um 1840: Wilhelm Dunker entdeckt bei Obernkirchen (Niedersachsen) einen Zahn des Leguanzahndinosauriers *Iguanodon*
1857: Hermann von Meyer beschreibt *Stenopelix valdensis* aus den Bückebergen (Niedersachsen)
1859: Andreas Wagner beschreibt *Compsognathus longipes* aus Kelheim oder Jachenhausen bei Riedenburg (Bayern)
1861: Hermann von Meyer bezeichnet eine 1860 in Solnhofen entdeckte Feder als *Archaeopteryx lithographica.* 1861 findet man bei Langenaltheim das erste Skelettexemplar eines Urvogels, den man ebenfalls *Archaeopteryx* zurechnet. *Archaeopteryx* gilt heute als Raubdinosaurier.
1879–1881: Erste Fährtenfunde in den Bückebergen und den Rehburger Bergen (Niedersachsen)
1904: Erste Knochenfunde in Trossingen (Baden-Württemberg)
1908: Friedrich von Huene beschreibt *Sellosaurus gracilis* (heute: *Plateosaurus gracilis)* und *Halticosaurus longotarsus* (heute: *Liliensternus liliensterni)*
1909: *Procompsognathus* wird am Nordhang des Stromberges bei Pfaffenhofen (Baden-Württemberg) entdeckt;
der Schüler Hermann Weiß entdeckt Plateosaurierknochen

in Trossingen;
erste Dinosaurierskelettfunde in Halberstadt (Sachsen-Anhalt)
1910: Die Grabungen in Halberstadt beginnen
1911: Wichtige Fährtenfunde im Keuper Württembergs
1911–1912: Erste Trossinger Grabung
1913: Eberhard Fraas beschreibt *Procompsognathus triassicus* vom Nordhang des Stromberges bei Pfaffenhofen (Baden-Württemberg)
1921: Die Barkhausener Dinosaurierfährten (Niedersachsen) werden entdeckt
1921–1923: Zweite Trossinger Grabung
1932: Dritte Trossinger Grabung. Bei insgesamt sechs Grabungen werden Reste von fast 100 Plateosauriern geborgen
1932/1933: Hugo Rühle von Lilienstern gräbt am Großen Gleichberg in Thüringen zwei Skelette von *Plateosaurus* und zwei weitere von *Liliensternus* (früher: *Halticosaurus*) aus
1934: Willi Weiss entdeckt in Franken die Fährte *Coelurosaurichnus schlauersbachensis*
1948: Die Fährte *Coelurosaurichnus (Dinosaurichnium) moeni* wird beschrieben
1950: Karl Beurlen beschreibt die Fährte *Coelurosaurichnus kehli;*
Kurt Rehnelt beschreibt die Fährten *Coelurosaurichnus schlehenbergensis* und *Coelurosaurichnus kronbergeri;*
1952: Florian Heller beschreibt die Fährte *Coelurosaurichnus metzneri* die ab 1986 der Fährtengattung *Atreipus* zugerechnet wird
1958: Oskar Kuhn beschreibt zwei Dinosaurierfährten aus Franken: *Coelurosaurichnus ziegelangerensis* und *Coelurosaurichnus sassendorfensis*

1963: *Emausaurus* wird in einer Tongrube bei Greifswald (Mecklenburg-Vorpommern) entdeckt
1975: Erste Dinosaurierknochen aus Nehden bei Brilon (Nordrhein-Westfalen) tauchen auf
1978: Rupert Wild beschreibt *Ohmdenosaurus liasicus* aus der Gegend von Ohmden (Baden-Württemberg)
1979: Die Münchehagener Dinosaurierfährten werden entdeckt
1979–1982: Ausgrabungen in Nehden mit großartigen Funden der Leguanzahndinosaurier *Iguanodon atherfieldensis* und *Iguanodon bernissartensis*
1982: Im Wiehengebirge (Nordrhein-Westfalen) wird ein vermeintliches Schwanzstachelfragment des Stegosauriers *Lexovisaurus* entdeckt;
Kurt Rehnelt beschreibt die Fährte *Coelurosaurichnus arntzeniusi*
1988: Im Stromberg bei Pfaffenhofen (Baden-Württemberg) kommt die Fährte eines *Procompsognathus* ähnelnden Raubdinosauriers samt Hautabdruck zum Vorschein
1989: In Baden-Württemberg wird anhand einer Fährte ein weiterer Raubtierfußdinosaurier (Theropode) nachgewiesen, der *Syntarsus* gleicht
1990: Der gepanzerte Dinosaurier *Emausaurus ernsti* aus einer Tongrube bei Greifswald (Mecklenburg-Vorpommern) wird von Hartmut Haubold beschrieben
1991: Neue Fährtenfunde eines großen Raubtierfußdinosauriers in Baden-Württemberg
2004: In Münchehagen (Niedersachsen) werden nahe der 1979 entdeckten alten Fundstelle weitere Dinosaurierfährten gefunden
2006: P. Martin Sander, Octávio Mateus, Thomas Laven und Nils Knötschke beschreiben den Elefantenfußdinosaurier

Europasaurus holgeri aus dem Kalksteinbruch Langenberg bei Göttingerode (Niedersachsen). Der Artname erinnert an den Entdecker Holger Lüdtke
2006: Ursula B. Göhlich und Louis M. Chiappe beschreiben den 1998 bei Schamhaupten unweit von Eichstätt (Bayern) entdeckten Raubdinosaurier *Juravenator starki*
2007: Die Dinosaurierfährten von Obernkirchen (Niedersachsen) werden entdeckt
2012: Oliver Rauhut, Christian Foth, Helmut Tischlinger und Mark A. Norell beschreiben den 2009 oder 2010 bei Painten unweit von Kelheim (Bayern) ausgegrabenen Raubdinosaurier *Sciurumimus albersdoerferi*
2016: Oliver Rauhut, Tom R.. Hübner und Klaus-Peter Lanser beschreiben den 1998 von dem Geologen Friedrich Albat im Wiehengebirge bei Minden (Nordrhein-Westfalen) entdeckten Raubdinosaurier *Wiehenvenator albati*
2017: Oliver Rauhut und Christian Foth identifizieren ein 1855 in Jachenhausen bei Riedenburg (Bayern) geborgenes Fossil als Raubdinosaurier und nennen es *Ostromia crassipes.* Vorher galt dieser Fund, der im „Teylers Museum“ in Haarlem (Niederlande) aufbewahrt wird, als Urvogel.
2022: Ingmar Werneburg und Omar Rafael Regalado Fernandez beschrieben eine 1922 von Friedrich von Huene bei Trossingen entdeckte, *Plateosaurus* zugeschriebene und in der Paläontologischen Sammlung der Universität Tübingen aufbewahrte Hüfte als neue Gattung und Art namens *Tuebingosaurus maierfritzorum.*

Literatur

COLBERT, Edwin H. (1989): The triassic dinosaur Coelophysis. In: M*useum of Northern Arizona Bulletin,* XV.

CUNY, Gilles / GALTON, Peter M. *(1993):* Revision of the Airel theropod dinosaur from the Triassic-Jurassic boundary (Normandy, France). *Neues Jahrbuch für Geologie und Paläontologie, Abhandlungen.* 187 (3): 261–288.

DINODATA.DE: *Halticosaurus longotarsus.* dinodata.de/animals/dinosaurs/pages_h/halticosaurus.php

DINODATA.DE: *Liliensternus liliensterni.* dinodata.de/animals/dinosauriers/pages_l/liliensternus.php

EZCURRA, Martin D. / CUNY, Gilles (2007). The coelophysoid *Lophostropheus airelensis*, gen. nov.: a review of the systematics of „*Liliensternus*" *airelensis* from the Triassic-Jurassic boundary outcrops of Normandy (France). *Journal of Vertebrate Paleontology*, 27(1): S. 73–86.

FERNÁNDEZ, Omar Rafael Regalado / WERNEBURG, Ingmar: A new massopodan sauropodomorph from Trossingen Formation (Germany) hidden as „*Plateosaurus*" for 100 years in the historical Tübingen collection. In: *Vertebrate Zoology* 72: S. 771–822, 2022.

HUENE, Friedrich von (1908): Die Dinosaurier der europäischen Triasformation mit Berücksichtigung der außereuropäischen Vorkommnisse. In: *Geologisch-paläontologische Abhandlungen*, Supplement-Band 1, Lieferung 2–6, S. 65–419.

HUENE, Friedrich von (1921): Coelurosaurier-Reste aus dem obersten Keuper von Halberstadt. In: *Centralblatt für Mineralogie, Geologie und Paläontologie,* 10, S. 315–320.

Buch „Dinosaurier-Lexikon" (1989)
von Raymund Windolf (1953–2010)

Buch „Dinosaurier in Deutschland" (1993)
von Ernst Probst und Raymund Windolf (1953–2010)

HUENE, Friedrich von (1932): Die fossile Reptil-Ordnung Saurischia, ihre Entwicklung und Geschichte. In: *Monographien der Geologie und Paläontologie*, 1–2.

HUENE, Friedrich von (1934): Ein neuer Coelurosaurier in der thüringischen Trias. In: *Paläontologische Zeitschrift,* 16, S. 145–170.

JAEKEL, OTTO (1913): Über die Wirbeltierfunde in der oberen Trias von Halberstadt. *Paläontologische Zeitschrift* 1, S. 155–215.

MOSER, Markus (2003): *Plateosaurus engelhardti* Meyer, 1837 (Dinosauria: Sauropodomorpha) aus dem Feuerletten (Mittelkeuper; Obertrias) von Bayern. Zitteliana B 24, S. 3–186, München.

PARRISH, Michael J. und CARPENTER, Kenneth (1986): A new vertebrate fauna from the Dockum Formation (Late Triassic) of eastern New Mexico. In: PADIAN, Kevin (Hg.): The Beginning of the Age of Dinosaurs, Cambridge University Press, S. 151–169, speziell S. 154–157. PAUL, Gregory (1988): Predatory dinosaurs of the world, Simon und Schuster, New York, S. 258–270, speziell S. 267, 268.

PROBST, Ernst (1986): Deutschland in der Urzeit. Von der Entstehung der Erde bis zum Ende der Eiszeit, C. Bertelsmann, München.

PROBST, Ernst (2010): Dinosaurier von A bis K. Von Abelisaurus bis Kritosaurus, GRIN, München

PROBST, Ernst (2010): Dinosaurier von L bis Z. Von Labocania bis Zupaysaurus, GRIN, München

PROBST, Ernst / WINDOLF. Raymund (1993): Dinosaurier in Deutschland, C. Bertelsmann, München.

RAUHUT, Oliver W. M. / HUNGERBÜHLER, Axel (1998): A review of European Triassic theropods. *Gaia* 15.

S. 75–88.
CFK-FOSSILIEN COBURG: Hugo Rühle von Lilienstern. https://www.cfk-fossilien.de/hugo-ruehle-von-lilienstern/
WELLES, Samuel P. (1984): *Dilophosaurus wetherilli* (Dinosauria, Theropoda). Osteology and Comparisons. In: *Palaeontographica,* Abteilung A, Lieferung 4–6, speziell S. 161, 165–171.
WIKIPEDIA (Online-Lexikon): *Liliensternus.* https://de.wikipedia.org/wiki/Liliensternus
WINDOLF, Raymund (1989). Dinosaurier-Lexikon. Das aktuelle Wissen über die Dinosaurier, von ihren Anfängen bis zum Aussterben, Goldschneck-Verlag, Korb.

Die Autoren

Ernst Probst, 1946 in Neunburg vorm Wald (Oberpfalz) geboren, war von 1973 bis 2001 verantwortlicher Redakteur bei der „Allgemeinen Zeitung" in Mainz und betätigte sich in seiner Freizeit als Wissenschaftsautor. Ab 1977 beschäftigte er sich mit der Erdgeschichte Deutschlands, zunächst als Fossiliensammler im Mainzer Becken, später als Verfasser von Artikeln für Tages- und Wochenzeitungen in Deutschland, Österreich und der Schweiz. Die „Welt" nannte sein 1986 erschienenes Buch „Deutschland in der Urzeit" ein „Glanzstück deutscher Wissenschaftspublizistik". Bis heute veröffentlichte er mehr als 300 Bücher, Taschenbücher und Broschüren aus den Themenbereichen Paläontologie, Kryptozoologie, Archäologie und Geschichte.

Raymund Windolf, geboren 1953 in München, gestorben 2010 in Rott/Lech, interessierte sich bereits als Sechsjähriger für Dinosaurier. Sein Berufsleben begann er mit einer Ausbildung zum Wetterdiensttechniker (Wetterbeobachter). Von 1975 bis 1983 arbeitete er beim „Deutschen Wetterdienst". Mit ideeller und finanzieller Unterstützung seiner Ehefrau Regina Cossmann studierte er danach Zoologie, Botanik und Paläontologie. Zeitweise war er Herausgeber der Zeitschrift „Dinosaurier-Magazin". 1989 veröffentlichte er das „Dinosaurier-Lexikon" und 1993 zusammen mit Ernst Probst das Buch „Dinosaurier in Deutschland". Während seiner Tätigkeit für den „Dinopark Münchehagen" war er ab 1998 an der Bearbeitung von Dinosaurierfunden aus Niedersachsen beteiligt.

Bücher von Ernst Probst

(Auswahl)

Als Mainz noch nicht am Rhein lag
Der Europäische Jaguar
Der Mosbacher Löwe. Die riesige Raubkatze aus Wiesbaden
Der Rhein-Elefant. Das Schreckenstier von Eppelsheim
Der Ur-Rhein. Rheinhessen vor zehn Millionen Jahren
Deutschland im Eiszeitalter
Deutschland in der Frühbronzezeit
Deutschland in der Mittelbronzezeit
Deutschland in der Spätbronzezeit
Die Aunjetitzer Kultur in Deutschland
Die Straubinger Kultur in Deutschland
Die Singener Gruppe
Die Arbon-Kultur in Deutschland
Die Ries-Gruppe und die Neckar-Gruppe
Die Adlerberg-Kultur
Der Sögel-Wohlde-Kreis
Die nordische Bronzezeit in Deutschland
Die Hügelgräber-Kultur in Deutschland
Die ältere Bronzezeit in Nordrhein-Westfalen
Die Bronzezeit in der Lüneburger Heide
Die Stader Gruppe
Die Oldenburg-emsländische Gruppe
Die Urnenfelder-Kultur in Deutschland
Die ältere Niederrheinische Grabhügel-Kultur
Die Unstrut-Gruppe
Die Helmsdorfer Gruppe
Die Saalemündungs-Gruppe

Die Lausitzer Kultur in Deutschland
Die Dolchzahnkatze Megantereon
Die Dolchzahnkatze Smilodon
Die Säbelzahnkatze Homotherium
Die Säbelzahnkatze Machairodus
Die Schweiz in der Frühbronzezeit
Die Rhône-Kultur in der Westschweiz
Die Arbon-Kultur in der Schweiz
Die Schweiz in der Mittelbronzezeit
Die Schweiz in der Spätbronzezeit
Deutschland in der Urzeit. Von der Entstehung des Lebens bis zum Ende der Eiszeit
Deutschland in der Steinzeit. Jäger, Fischer und Bauern zwischen Nordseeküste und Alpenraum
Deutschland in der Bronzezeit. Bauern, Bronzegießer und Burgherren zwischen Nordsee und Alpen
Dinosaurier in Deutschland (zusammen mit Raymund Windolf)
Dinosaurier von A bis K. Von Abelisaurus bis zu Kritosaurus
Dinosaurier von L bis Z. Von Labocania bis zu Zupaysaurus
Dinosaurier in Bayern. Von Cetiosauriscus bis zu Sciurumimus
Der rätselhafte Spinosaurus. Leben und Werk des Forschers Ernst Stromer von Reichenbach
Compsognathus. Der Zwergdinosaurier aus Bayern
Plateosaurus. Der Deutsche Lindwurm
Liliensternus. Ein Raubdinosaurier aus der Triaszeit
Eiszeitliche Geparde in Deutschland
Eiszeitliche Leoparden in Deutschland
Höhlenlöwen. Raubkatzen im Eiszeitalter
Johann Jakob Kaup. Der große Naturforscher aus Darmstadt
Monstern auf der Spur. Wie die Sagen über Drachen, Riesen und Einhörner entstanden
Neues vom Ur-Rhein. Interview mit dem Geologen und

Paläontologen Dr. Jens Sommer
Österreich in der Frühbronzezeit
Österreich in der Mittelbronzezeit
Österreich in der Spätbronzezeit
Raub-Dinosaurier von A bis Z. Mit Zeichnungen von Dmitry Bogdanav und Nobu Tamura
Rekorde der Urmenschen. Erfindungen, Kunst und Religion
Rekorde der Urzeit. Landschaften, Pflanzen und Tiere
Säbelzahnkatzen. Von Machairodus bis zu Smilodon
Säbelzahntiger am Ur-Rhein. Machairodus und Paramachairodus
Was ist ein Menhir? Interview mit dem Mainzer Archäologen Dr. Detert Zylmann
Wer ist der kleinste Dinosaurier? Interviews mit dem Wissenschaftsautor Ernst Probst
Wer war der Stammvater der Insekten? Interview mit dem Stuttgarter Biologen und Paläontologen Dr. Günther Bechly
Kastel in der Vorzeit. Von der Jungsteinzeit bis Christi Geburt
Kostheim in der Vorzeit. Von der Jungsteinzeit bis Christi Geburt
Die Altsteinzeit. Eine Periode der Steinzeit in Europa vor etwa 1.000.000 bis 10.000 Jahren
Anno. 1.000.000. Deutschland in der älteren Altsteinzeit
Wiesbaden in der Steinzeit. Von Eiszeit-Jägern zu frühen Bauern
Österreich in der Altsteinzeit. Vor 250.000 bis 10.000 Jahren
Das Protoacheuléen. Eine Kulturstufe der Altsteinzeit vor etwa 1,2 Millionen bis 600.000 Jahren
Das Altacheuléen. Eine Kulturstufe der Altsteinzeit vor etwa 600.000 bis 350.000 Jahren
Das Jungacheuléen. Eine Kulturstufe der Altsteinzeit vor

etwa 350.000 bis 150.000 Jahren
Das Moustérien. Die große Zeit der Neanderthaler
Das Moustérien in Österreich. Eine Kulturstufe der Altsteinzeit
Das Aurignacien. Eine Kulturstufe der Altsteinzeit vor etwa 35.000 bis 29.000 Jahren
Das Aurignacien in Österreich. Eine Kulturstufe der Altsteinzeit
Das Gravettien. Eine Kulturstufe der Altsteinzeit vor etwa 28.000 bis 21.000 Jahren
Das Gravettien in Österreich. Eine Kulturstufe der Altsteinzeit
Das Magdalénien. Die Blütezeit der Rentierjäger vor etwa 15.000 bis 11.500 Jahren
Das Magdalénien in Österreich. Eine Kulturstufe der Altsteinzeit
Die Federmesser-Gruppen. Eine Kulturstufe der Altsteinzeit vor etwa 12.000 bis 10.700 Jahren
Die Mittelsteinzeit. Eine Periode der Steinzeit vor etwa 8.000 bis 5.000 v. Chr.
Die Mittelsteinzeit in Baden-Württemberg
Die Mittelsteinzeit in Bayern
Die Mittelsteinzeit in Nordrhein-Westfalen
Die Jungsteinzeit. Eine Periode der Steinzeit vor etwa 5.500 bis 2.300 v. Chr.
Die ersten Bauern in Deutschland. Die Linienbandkeramische Kultur (5.500 bis 4.900 v. Chr.)
Die Ertebölle-Ellerbek-Kultur. Eine Kultur der Jungsteinzeit vor etwa 5.000 bis 4.300 v. Chr.
Die Stichbandkeramik. Eine Kultur der Jungsteinzeit vor etwa 4.900 bis 4.500 v. Chr.
Die Hinkelstein-Gruppe. Eine Kulturstufe der Jungsteinzeit

vor etwa 4.900 bis 4.800 v. Chr.
Die Rössener Kultur. Eine Kultur der Jungsteinzeit vor etwa 4.600 bis 4.300 v. Chr.
Die Baalberger Kultur. Eine Kultur der Jungsteinzeit vor etwa 4.300 bis 3.700 v. Chr.
Die Michelsberger Kultur. Eine Kultur der Jungsteinzeit vor etwa 4.300 bis 3.500 v. Chr.
Die Kupferzeit. Wie die ersten Metalle in Mitteleuropa bekannt wurden
Pfahlbauten in Süddeutschland. Dörfer der Jungsteinzeit und Bronzezeit an Seen, Mooren und Flüssen
Die Salzmünder Kultur. Eine Kultur der Jungsteinzeit vor etwa 3.700 bis 3.200 v. Chr.
Die Wartberg-Kultur. Eine Kultur der Jungsteinzeit vor etwa 3.500 bis 2.800 v. Chr.
Die Chamer Gruppe. Eine Kulturstufe der Jungsteinzeit vor etwa 3.500 bis 2.700 v. Chr.
Die Walternienburg-Bernburger Kultur. Eine Kultur der Jungsteinzeit vor etwa 3.200 bis 2.800 v. Chr.
Die Kugelamphoren-Kultur. Eine Kultur der Jungsteinzeit vor etwa 3.100 bis 2.700 v. Chr.
Die Schnurkeramischen Kulturen. Kulturen der Jungsteinzeit vor etwa 2.800 bis 2.400 v. Chr.
Die Glockenbecher-Kultur. Eine Kultur der Jungsteinzeit vor etwa 2.500 bis 2.200 v. Chr.